**Sitzungsberichte**
**der Heidelberger Akademie der Wissenschaften**
**Mathematisch-naturwissenschaftliche Klasse**
**Jahrgang 1929. 17. Abhandlung.**

# Über Alkalihornblenden aus dem Radautal

von

**O. H. Erdmannsdörffer**
in Heidelberg

Eingegangen am 9. November 1929

Berlin und Leipzig 1929

Walter de Gruyter & Co.

vormals G. J. Göschen'sche Verlagshandlung / J. Guttentag, Verlags-buchhandlung / Georg Reimer / Karl J. Trübner / Veit & Comp.

# Über Alkalihornblenden aus dem Radautal.

Aus dem Bereich des unteren Radautales sind schon seit den Zeiten von FUCHS und STRENG vereinzelte Augitsyenite bekannt, die angeblich gangförmig im Gabbro aufsitzen. Untersuchungen an Ort und Stelle, zu denen mich neue Funde von Herrn DR. FROMME veranlaßten, haben eine Reihe höchst eigentümlicher Gesteine dieser Art kennen gelehrt.

Was diese zunächst besonders auffällig macht, ist ihr Gehalt an Alkalihornblenden, die man in einem Intrusivkomplex von ausgesprochen pazifischem Charakter nicht erwarten sollte.

Sie finden sich in Gesteinen von typischer Tiefengesteinsstruktur, die außer ihnen noch mikroperthitischen Orthoklas, Hedenbergitdiopsid, viel Rhombischen Pyroxen, gelegentlichen Biotit, reichlichen Titanit, Zirkon, Erze und Apatit in sehr stark wechselnden Mengenverhältnissen enthalten.

Die an Menge vorwiegende Hornblendeabart erreicht || c 10 mm Länge, ist äußerlich tiefbraun bis schwarz und im allgemeinen sehr frisch. Ihre Ausscheidungszeit folgt zumeist auf die der Pyroxene, und geht der des Feldspats voraus, gegen den sie häufig (010) und (110) entwickelt.

Verbreitet ist ein inhomogener Aufbau aus optisch verschiedenen Teilen, die im allgemeinen durch Übergänge miteinander verknüpft sind. Die vorherrschende Abart zeigt folgende Eigenschaften:

$\alpha$ sehr hellgelb (OSTWALD gc 2).
$\beta$ rotbraun mit violettem Stich (ng 6—7).
$\gamma$ gelblich- oder bräunlichgrün (ic 24 — ne 24).

$c\gamma = 11 - 13^0$.

$\gamma'$ (110) wechselnd: 1.653, 1.658, auch 1.683, Fehlergrenzen $\pm$ 0.002.

$\gamma - \alpha\,(010) = 0.026$.

$\gamma \gtrless \beta > \alpha$.

Der Winkel der optischen Achsen ist in verschiedenen Vorkommen wechselnd; gemessen wurde $2V = 50^{0}\,20' \pm 50^{0}$, $53^{0} \pm 1^{0}$, $52^{0}$, $58^{0}$, $59^{0}\,40'$, vereinzelt $71\,{}^{1}/_{2}{}^{0}$. Der Charakter ist negativ, die Ebene der Achsen = (010), die Dispersion sehr stark $v > \varrho$.

An diese meist im Kern gelegene Ausbildung schließen sich nach außen hin unregelmäßig fleckige, mehr oder weniger breite Zonen an, in denen die Farbe für $\beta$ in braun- bis blauviolette oder in graublaue Töne übergeht, womit zugleich 2V deutlich abnimmt. Lokal treten auch fast farblose Randteile auf. In selbständigen Individuen findet sich daneben eine Hornblende mit $\alpha$ fast farblos, $\beta$ hellgrauviolett, $\gamma$ tiefblaugrün. $c\gamma'$ (110) = $12^{0}$.

In Form von schmalen Säumen oder als orientiert aufsitzende Säulchen umgibt lokal die Haupthornblende typischer Riebeckit, mit $\alpha$ tiefblau, $\sim\|$ c, $\perp \alpha$ blaugrauviolett, sehr schwacher Doppelbrechung und starker Dispersion der Auslöschungslagen. Eingeschlossen in Orthoklas liegen kleine Säulchen mit sehr schwacher Doppelbrechung, starker Dispersion des in (010) liegenden negativen Achsenwinkels, sowie der Auslöschungsrichtung $c\alpha' = 20$—$30^{0}$ – exakte Orientierung ist nicht möglich — und $\alpha$ = tiefbläulichgrün, $\perp \alpha$ = tiefblaugrau.

An der Zugehörigkeit der letztgenannten Hornblenden zu den alkalireichen Gliedern dieser Gruppe ist nicht zu zweifeln, z. T. sind sie sicher Riebeckit. Die Individuen mit hellblaugrauem $\beta$ erinnern hierin z. T. an die entsprechenden Farbtöne der Glaukophane, unterscheiden sich aber durch ihr tiefblaugrünes $\gamma$ deutlich von ihnen, und nähern sich damit mehr gewissen Hornblenden in Nephelin- oder Natronsyeniten — z. B. des Oslogebietes. Die vorherrschende braune Hornblende zeigt, besonders in ihrem oft ins violette gehenden Rotbraun für $\beta$ mit $\beta > \gamma$, eine auffällige Analogie mit den Farbtönen der Kataphorite, von denen sie sich jedoch durch ihre optische Orientierung — besonders in geringerem $c\gamma$ (gegenüber den entsprechenden Werten von 30—$60^{0}$ bei diesen) offenbar grundsätzlich unterscheidet. Andererseits deuten ihre braunvioletten Randteile deutlich auf Alkali- und Eisenreichtum.

Zur Klärung dieser Verhältnisse wurde die braune Hornblende aus einem syenitischen Gestein sorgfältig getrennt und einer Analyse unterworfen, für deren Durchführung ich Herrn Dr. W. Kunitz in Halle a. S. zu lebhaftem Dank verpflichtet bin. Die Werte stehen unter I der folgenden Tabelle, Ia sind die Molekularprozente. Bei dem inhomogenen Aufbau der Kristalle stellen diese Zahlen naturgemäß einen Durchschnittswert dar, in dem aber die Natur der braunen Hornblende mit schätzungsweise mehr als 95 % die Vorhand hat.

| | I | Ia |
|---|---|---|
| $SiO_2$ . . . . . | 54.82 | 50.68 |
| $TiO_2$ . . . . | 1.52 | 1.06 |
| $Al_2O_3$ . . . . | 2.27 | 1.21 |
| $Fe_2O_3$ . . . . | 3.52 | 1.20 |
| FeO . . . . . | 6.08 | 4.70 |
| MgO. . . . . | 17.60 | 24.26 |
| CaO . . . . . | 7.14 | 7.08 |
| $Na_2O$. . . . . | 3.68 | 3.29 |
| $K_2O$ . . . . . | 1.75 | 1.03 |
| $H_2O$ . . . . . | 1.78 | 5.49 |
| Sa. | 100.16 | 100.00 |

$D_{4^\circ}$ 3.105 $\pm$ 0.009.[1])

Auf einen Vergleich mit anderen Hornblenden und eine ausführliche Diskussion ihrer molekularen Zusammensetzung soll hier nicht eingegangen werden. Die diesbezüglichen Fragen können trotz wertvoller neuerer Beiträge von GOSSNER, KUNITZ u. a. noch nicht endgültig beantwortet werden. Die Berechnung auf neuere für Hornblenden angenommene Molekelarten führt hier, wie bei Hornblende so oft, zu keinem absolut befriedigendem Ergebnis. Am besten stimmt noch eine Zugrundelegung der folgenden Formeln (nach KUNITZ)[2]):

| | | | |
|---|---|---|---|
| Aktinolith | $H_2\ Ca_2\ Mg_6\ Si_9\ O_{27}$ | = 63.72 | Mol.% |
| Gastaldit | $H_2\,(AlNa)_2\,Mg_4\,Si_9\,O_{27}$ | = 19.36 | „ „ |
| Riebeckit | $H_2\,(FeNa)_2\,Mg_4\,Si_9\,O_{27}$ | = 11.54 | „ „ |
| | $R'_2\,SiO_3$ | = 4.90 | „ „ |
| | $Fe_2O_3$ | = 0.48 | „ „ |

Eine Berechnung auf die neuerdings von KUNITZ[3]) angenommenen Formeln liefert:

| | | | |
|---|---|---|---|
| Aktinolith | $H_2\ Ca_2\ Mg_5\ Si_8\ O_{24}$ | = 56.64 | Mol.% |
| Glaukophan | $H_2\ Na_2\ Al_2\ Mg_3\,Si_8\,O_{24}$ | = 16.94 | „ „ |
| Riebeckit | $H_2\,Na_2\,Fe_2'''\,Fe_3''\,Si_8\,O_{24}$ | = 16.80 | „ „ |
| | $R_2'\ SiO_3$ | = 3.82 | „ „ |
| | $R'_2\,SiO_4$ | = 6.04 | „ „ |

Die Annahme gerade dieser 3 Molekelarten scheint nach dem Mineralbestand des Gesteins gerechtfertigt. Der Überschuß an Alkali-

---

[1]) Pyknometrisch bestimmt durch Herrn H. NIELAND.

[2]) Fortschr. Min. Petr. 12, 1927, 137.

[3]) N. Jahrb. f. Min. B. B. LX Abt. A. 1929, 171.

silikat steht im Einklang mit den reichlichen hydrothermalen Albitneubildungen der Gesteinsmikroperthite.

Der Unterschied gegen die als Mischungsglied einer Reihe: Barkevikit – Arfvedsonit aufzufassenden Kataphorite ist augenscheinlich.

Die Genesis dieser eigenartigen syenitischen Gesteine ergibt sich aus ihrer geologischen Position, ihrem Mineralbestand und ihrer stofflichen Zusammensetzung. Es hat sich gezeigt, daß die Gänge fast ausschließlich an obermitteldevonische Orthophyre und Orthophyrtuffe gebunden sind, und zwar sowohl an die im Rahmen des Gabbromassivs mit diesem in Berührung stehenden Teile, wie auch an die losgelöst im Gabbro schwimmenden Schollen. Die charakteristischen Mineralien dieser hochmetamorphen Gesteine finden sich in gewissen Syenitarten wieder, und diese sind mit dem Schollengestein derart eng verknüpft daß ein vollkommener Übergang zwischen beiden besteht.

Die Syenite sind mindestens zum Teil *palingene Eruptiva*.

Eine genaue Darlegung der ganzen Erscheinungen wird an anderer Stelle gegeben werden.

FSC
www.fsc.org
MIX
Papier | Fördert
gute Waldnutzung
FSC® C083411

Kolibri 360 GmbH
Ferdinand-Jühlke-Straße 7
99095 Erfurt, Deutschland
produktsicherheit@kolibri360.de